1　はじめに

　電磁気学の演習問題を解いているときに、これを別の視点から見たらどうなるだろうか と考えたことはあるだろうか。ここでいう別の視点とは、動いている他の座標系から見る ということである。よく知られているように、ローレンツ力は動いている点電荷と磁場の 間に働く力である。点電荷が止まっているときは力は働かない。では、動いてる座標系か ら見たらどうなるか。動いている座標系から見れば、点電荷は動いていることになる。そ れなら、動いている座標系から見たらローレンツ力は働くのか。もしローレンツ力が働く としたら、静止している座標系とは違う運動をするのだろうか。

　実はこの問題は、特殊相対性理論を考えなければ正しく理解することはできない。本書 は、このような問題について、よく見られる演習問題を用いて説明していくことを目的と している。

2　電流が作る磁場

　初めに、定常電流が作る磁場を考えよう。電流が作る磁場についてはビオ・サバールの 法則が知られている。電流 I が流れている回路で、微小部分 $d\vec{l}$ の電流素片 $I\,d\vec{l}$ がそこか ら位置 $\vec{r}$ だけ離れた点に作る磁場 $d\vec{H}$ は、

$$dH = \frac{1}{4\pi} I\,d\vec{l} \times \frac{\vec{r}}{r^3}$$

である[*1]（× はベクトル積）。これを使って、無限に長い直線電流が作る磁場を求めてみ よう。無限に長い導線を定常電流 I が流れているとする。導線から a だけ離れた位置で の磁場を求める（図 1 参照）。導線から a だけ離れた位置に点 P を置く。点 P から導線 に下した垂線との交点を座標原点とし、そこから測った導線の長さを l とする。導線上の 点 Q と、そこから dl 離れた点の間の電流素片 $I\,dl$ が点 P に作る磁場の大きさは、Q か ら P に引いたベクトルを $\vec{r}$ とし（r をその長さとする）、$\vec{r}$ と導線の成す角を ϕ として

$$dH = \frac{1}{4\pi} \frac{I\,dl}{r^2} \sin\phi \tag{1}$$

である。磁場の向きは、導線のベクトル $d\vec{l}$ と $\vec{r}$ が作る平面に垂直で、$d\vec{l}$ から $\vec{r}$ に右ね じを回した向きである（図 1 では、紙面の裏から表に向かう向き）。式 (1) を l について

[*1] 本書では電磁気量に関する式は MKSA 有理化系での表記を使う。

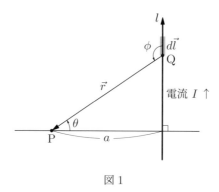

図 1

$-\infty$ から $+\infty$ まで積分すれば、求める磁場の大きさが得られる。

$$H = \int_{-\infty}^{+\infty} \frac{1}{4\pi} \frac{I\,dl}{r^2} \sin\phi.$$

点 P から下した垂線と $\vec{r}$ の間の角を θ とすると、$\phi = \theta + \frac{\pi}{2}$ の関係にあるので、この θ を積分変数としよう。そうすると、

$$\sin\phi = \cos\theta、\quad r = \frac{a}{\cos\theta}、\quad l = a\tan\theta、\quad dl = a\frac{d\theta}{\cos^2\theta}$$

の関係にあるので、

$$H = \frac{I}{4\pi} \int_{-\frac{\pi}{2}}^{+\frac{\pi}{2}} \frac{1}{a} \cos\theta\,d\theta = \frac{I}{2\pi a}. \tag{2}$$

　さて、今この導線の近くに荷電粒子を静かに置いてみる。静かに置くというのは、観測者に対して静止した状態に置くことを意味する。この時、荷電粒子に働く力を考えよう。荷電粒子には、電場からのクーロン力と磁場からのローレンツ力が働く（なお、本書では重力は働いていないとする）。式で表わすと、荷電粒子に働く力 $\vec{F}$ は以下のように書ける[*2]。

$$\vec{F} = q(\vec{E} + \vec{v} \times \vec{B}). \tag{3}$$

ここで q は荷電粒子の電荷、$\vec{E}$ は電場、$\vec{v}$ は荷電粒子の速度、$\vec{B}$ は磁束密度である（透磁率を μ とすると $\vec{B} = \mu\vec{H}$）。ただし以降は磁場として B を扱うので、B を磁場と呼ぶことにする[*3]。

[*2] 電場及び磁場の両方からの力を合わせてローレンツ力と呼ぶこともあるが、本書では磁場から受ける力のみをローレンツ力と呼ぶことにする。

[*3] 人によっては、B を磁場と呼ぶべきだと考える人もいる。その場合、H には名前はなく、補助的な場として扱われる。

上記の状況では、導線の外に電場は存在しないので、電場から受ける力はない。また、荷電粒子は静止しているので、磁場からも力を受けない。つまり、導線の近くに置いた荷電粒子には力は働いていない。

　さて、次からが問題である。上記の状況を動いている観測者から見たら、荷電粒子に働く力はどうなるであろうか。動いている観測者から見ると、荷電粒子は動いている。そうであれば、荷電粒子にローレンツ力が働くことになる。理論上はそうなるはずであるが、それは正しいだろうか。静止した観測者が見ると荷電粒子は動かないが、動いている観測者が見ると荷電粒子は導線に近づいていく。そんなことがあり得るだろうか。

　この問題は、特殊相対性理論を踏まえて考えなければならない。なぜなら特殊相対性理論は、二つの慣性系の間の座標変換に関する理論だからである。そこで、次の章では、特殊相対性理論について説明しよう。

3　特殊相対性理論

3.1　相対性原理

　運動が相対的であることは、たいていの人が理解していると思うが、具体的な実験装置を想像した場合、どうしても地面という基準を意識してしまう。そこで、何もない宇宙のどこかの空間を考えよう。周りには何もない空間が広がるだけであり、自分（第一観測者）は空間の中に浮かんでいる。そこに一本の導線が無限の彼方からもう一方の無限の彼方へ伸びている。そしてその近くに荷電粒子が静止したままポツンと存在している。さて、そこに別の人物（第二観測者）が自分の左側から右側へと移動してきたとしよう。その動きは導線と平行であり、自分と同じように荷電粒子を観測している（その人物の向いている向きは自分と同じとする）。第二観測者に荷電粒子がどう見えているかは容易に想像がつく。第二観測者にとっては、荷電粒子は右から左へ移動していると観測される。第二観測者にしてみれば、動いているのは荷電粒子である。荷電粒子が静止しているのか動いているのか、そこに絶対的な答えはない。どちらも観測者を基準に考えればよいのである。

　さて、それぞれの観測者は、それぞれの実験装置を使って物理法則を見つけ出すかもしれない。それでは、そこで見つけた物理法則は観測者ごとに違うだろうか。それはないと思われる。マクスウェル方程式はどちらの観測者も同じような数式で表わされるだろう。観測される値は違うかもしれないが、それらの値の間に成り立つ式は同じはずである。この考え方は相対性原理と呼ばれる。相対性理論とは、観測者が違っても物理法則の形は同じだと主張する理論である。もう少し数学的に言えば、物理法則を表わす数式は、座標変換を行っても形を変えないと主張するのが相対性理論である。どのような座標変換を考えるかによって、特殊相対性理論と一般相対性理論に分かれる。ローレンツ変換と呼ばれる

慣性系の間の座標変換を扱うのが特殊相対性理論であり、一般的な（座標変換として意味があるのなら）どんな座標変換でも扱うのが一般相対性理論である。

なお、相対性原理の考え方はニュートン力学にもあり、ガリレイ変換に対して運動方程式は不変である。だが、マクスウェル方程式はガリレイ変換で不変ではなかった。電磁気学の発展とともにこのことが問題となり、やがてローレンツ変換を生み出していくことになる。特殊相対性理論というとアインシュタインが有名であるが、ローレンツ変換式はヘンドリック・ローレンツが電磁気学の研究から導いたものである。

3.2　ローレンツ変換

座標変換とは、ある座標系で指定される点を別の座標系から見たとき、そこではどういう値となるのかを与える操作である。これから説明するローレンツ変換は、慣性運動をしている二つの座標系の間の座標変換である。座標が (x, y, z, t) で表わされる座標系（S 系とする）と、(x', y', z', t') で表わされる座標系（S' 系とする）の間の座標変換を考える。簡単のため、二つの座標系は同じ方向に座標軸が向いているものとし、S 系から見て S' 系が x 軸方向に速度 v で動いているものとする（S' 系から見れば、S 系は x 軸方向に $-v$ で動いている）。この時ローレンツ変換式は以下で表わされる。

$$
\begin{cases}
x' = \dfrac{1}{\sqrt{1-(v/c)^2}}(x-vt), \\[2mm]
y' = y, \\[2mm]
z' = z, \\[2mm]
t' = \dfrac{1}{\sqrt{1-(v/c)^2}}\left(-\dfrac{v}{c^2}x+t\right).
\end{cases}
\tag{4}
$$

ここで c は光速度である。

慣性系の間の座標変換には、もう一つ、ガリレイ変換というものがある。ガリレイ変換はローレンツ変換の近似変換と見なすことができる。この二つの変換の違いは、慣性系の間の相対速度が光速度に対して非常に遅いか（ガリレイ変換）、光速度に近いか（ローレンツ変換）による。もう一つ重要な違いは、ガリレイ変換では時間 t は変換を受けないが、ローレンツ変換では時間 t も変換を受けることである。ガリレイ変換式も下記に示しておく。

$$
\begin{cases}
x' = x-vt, \\
y' = y, \\
z' = z, \\
t' = t.
\end{cases}
$$

ローレンツ変換式で、$c \to \infty$ とすると、ガリレイ変換になることが分かる。

3.3 四元ベクトル

特殊相対性理論では、空間の三次元と時間の一次元を合わせた四次元で座標を表わす。便宜上、この世界を四次元時空と呼ぶことにする。現実の世界が四次元かどうかとは関係なく、座標として 4 つの軸を持たせることで、数式の取り扱いが便利になるのである。座標は、(ct, x, y, z) で表わす。最初の軸が時間を表わし、便宜的にこれを第ゼロ軸とする。ここで c は光速度であり、時間に光速度を掛けることでディメンジョンを空間座標と同じにしている。

四次元時空内の 2 点の差を取ると、それはベクトルとなる。例えば、$(c\Delta t, \Delta x, \Delta y, \Delta z)$ と記載する。4 つの成分を持つので、四元ベクトルという。エネルギー運動量ベクトルも四元ベクトルである。三次元でのベクトルは記号の上に矢印を付けて表わしたが、四元ベクトルは P^μ や P_ν のように記号の右上もしくは右下にギリシャ文字の添字を付けて表わす。添字は $0, 1, 2, 3$ を取るが、P^μ でベクトルを表わすと考えてもらってもよい（アルファベットの i などの添字を使う場合は $1, 2, 3$ を取るものとし、ギリシャ文字とアルファベットで使い分ける）。

ベクトルは座標変換をすると、変換された座標系でもベクトルである。ただし、一般には各成分の値は変わる。ベクトルの変換式は以下のとおりである。

$$P'^\mu = \frac{\partial x'^\mu}{\partial x^\nu} P^\nu.$$

ここでは ν で和を取っているが、和の記号は省略されている。上記の x'^μ、x^ν は、特殊相対性理論ではローレンツ変換式の (ct', x', y', z')、(ct, x, y, z) のことで、x'^μ は x^ν の関数として与えられる。なお一般の座標変換では、極座標 (ct, r, θ, ϕ) のように、x'^μ が x^ν の一次関数ではないものも扱う。

ベクトルの表記には反変ベクトルと共変ベクトルの 2 種類がある。添字が右上にあるのは反変ベクトル、右下にあるのが共変ベクトルである。これらは変換の係数が異なるがベクトルとしては同じものを表わし、それらは計量テンソル $g_{\mu\nu}$ で互いに変換することができる。例えば下記のようになる。

$$A^\mu = g^{\mu\nu} A_\nu 、 \quad B_\lambda = g_{\lambda\sigma} B^\sigma.$$

ここで、上付きと下付きの添字で同じ文字が出てきたときは和を取るものとする。特殊相対性理論で扱う計量テンソルは対角成分が $(1, -1, -1, -1)$ で他は 0 であり、これは特別に $\eta_{\mu\nu}$ と書く。

四元ベクトルの内積は、反変ベクトルと共変ベクトルの各成分ごとの積の和として求められる。

内積： $A^\mu B_\mu = A^0 B_0 + A^1 B_1 + A^2 B_2 + A^3 B_3.$

これは、$A_\mu B^\mu$ で計算しても同じ値である。

四元ベクトルの大きさの 2 乗は、自分自身との内積で求められる。内積の値は座標変換によって変わらず、このような量はスカラーと呼ばれる。特殊相対性理論では、四元ベクトルの大きさの 2 乗を成分で書くと次の式で表わされる。

$$A_\mu A^\mu = \eta_{\mu\nu} A^\nu A^\mu = (A^0)^2 - (A^1)^2 - (A^2)^2 - (A^3)^2.$$

四次元時空内の微小距離だけ離れた 2 点間を結んだ線は微小なベクトルであり、このベクトルの大きさは 2 点間の四次元的な距離となる。この距離 ds の 2 乗は次のようになる。

$$ds^2 = (c\,dt)^2 - dx^2 - dy^2 - dz^2.$$

s を c で割ったものを固有時と呼び、τ で表わす。

$$d\tau = \frac{ds}{c}.$$

静止した質点では、その座標系の時間がそのまま固有時となる。固有時はスカラー量であるため、座標変換によって変化しない。

$d\tau$ と dt の関係は、上記の ds^2 の式から、

$$\frac{d\tau}{dt} = \sqrt{1 - (v/c)^2}$$

となる。ここで $v = \dfrac{dr}{dt}$ で、$dr = \sqrt{dx^2 + dy^2 + dz^2}$ である。

エネルギー運動量ベクトル P^μ の大きさの 2 乗は、その質点の質量を m として、

$$P_\mu P^\mu = (P^0)^2 - (P^1)^2 - (P^2)^2 - (P^3)^2 = (mc)^2$$

となる。なお、P^μ は質点の座標を固有時で微分して質量を掛けたものであり、下記の式となる。

$$P^\mu = m\frac{dx^\mu}{d\tau}.$$

空間成分と時間成分を詳しく書くと、

$$P^i = m\frac{dx^i}{d\tau} = m\frac{dx^i}{dt}\frac{dt}{d\tau} = \frac{mv^{(i)}}{\sqrt{1-(v/c)^2}},$$

$$P^0 = m\frac{dx^0}{d\tau} = m\frac{dx^0}{dt}\frac{dt}{d\tau} = \frac{mc}{\sqrt{1-(v/c)^2}} = \frac{E}{c}.$$

P^i は、ニュートン力学での運動量 $mv^{(i)}$ に $\dfrac{1}{\sqrt{1-(v/c)^2}}$ を掛けたものである（i は $1, 2, 3$ のいずれかを表わす）。この因子は 1 より大きいので、ニュートン力学での運動量よりも大きくなる。P^0 はエネルギー E を c で割ったものであるが、このエネルギーは、運動エネルギーの他に静止質量エネルギーを含んだものである。

　ここで、ベクトルの表記について補足しておこう。$v^{(i)}$ はニュートン力学での速度ベクトルであり三次元のベクトルであるが、四元ベクトルではない。$v^{(i)} = \dfrac{dx^i}{dt}$ から分かるように、dx^i は四元ベクトルの空間成分であるが $v^{(i)}$ はそれの時間微分であるため、四元ベクトルではないのである。ニュートン力学でのベクトルであることを示すため、添字に $(\ )$ を付けて区別する。下記で示す $F_N^{(i)}$ や $E_{(i)}$ なども同様である。

3.4　相対論的運動方程式

　ニュートン力学での運動方程式は以下である。

$$\frac{d\vec{P}}{dt} = \vec{F}.$$

　特殊相対性理論では、運動量と力は四元ベクトルとなり、時間微分は固有時での微分となる。すなわち、

$$\frac{dP^\mu}{d\tau} = F^\mu$$

となる。四元ベクトルの力とニュートン力学での力の関係は以下のようになる。

$$F^i = \frac{dP^i}{d\tau} = \frac{dP^i}{dt}\frac{dt}{d\tau} = \frac{dP^i}{dt}\frac{1}{\sqrt{1-(v/c)^2}}.$$

　ニュートン力学では力は運動量を時間で微分したものであったから、これを $F_N^{(i)}$ とすると $\dfrac{dP^i}{dt} = F_N^{(i)}$ であり、したがって、

$$F^i = \frac{F_N^{(i)}}{\sqrt{1-(v/c)^2}}$$

となり、四元力の空間成分はニュートン力学での力に $\dfrac{1}{\sqrt{1-(v/c)^2}}$ を掛けたものになる。また、四元力の時間成分の方は、

$$F^0 = \frac{dP^0}{d\tau} = \frac{dP^0}{dt}\frac{dt}{d\tau} = \frac{1}{c}\frac{dE}{dt}\frac{1}{\sqrt{1-(v/c)^2}}.$$

ここに、仕事の定義から求められる $\dfrac{dE}{dt} = \dfrac{dP^i}{dt}\cdot v^{(i)}$ の関係を使って（i は 1 から 3 まで和を取る）、

$$F^0 = \frac{1}{c}\frac{dP^i}{dt}\cdot v^{(i)}\frac{1}{\sqrt{1-(v/c)^2}} = F_N^{(i)}\cdot\frac{v^{(i)}}{c}\frac{1}{\sqrt{1-(v/c)^2}} = F^i\cdot\frac{v^{(i)}}{c}.$$

となる。この最後の式は、

$$F^0 c - F^i\cdot v^{(i)} = 0$$

であるから、ここに $\dfrac{m}{\sqrt{1-(v/c)^2}}$ を掛けて運動量と力の内積の形にすると、

$$F_\mu P^\mu = 0 \tag{5}$$

が得られる。つまり、四元ベクトルである力と運動量の内積は必ず 0 になる。

　式 (5) が常に成り立つということは、力は運動量と独立ではないことを意味する。そこで、2 階の反対称テンソル $f_{\mu\nu}$ を使って $F_\mu = f_{\mu\nu}P^\nu$ とおいてみよう。そうすると、反対称テンソルの性質 $f_{\mu\nu} = -f_{\nu\mu}$ から $F_\mu P^\mu = 0$ が成立する。このことから、相対論的運動方程式に現われる力は、$F_\mu = f_{\mu\nu}P^\nu$ という形に書けるということがわかる。力の中に運動量を含んでいることが、ローレンツ力が生じる理由となっている（次節で示す）。

　なお、力 F_μ は一般座標変換ではベクトル変換しない場合があるので、一般相対性理論で力を扱う時は更に検討が必要であるが、それはここでは触れない。興味がある読者は、筆者の著書『一般相対論的運動方程式の導出』を参照されたい。

3.5　電磁場テンソル

　電場及び磁場は三次元のベクトルであるが、電場と磁場は座標変換によって入り混じる性質がある。例えば、電場しかない状況であっても、別の座標系から見ると磁場も発生していることがある。そこで電場と磁場を一緒にしてテンソルとして扱う。具体的には、下記の 2 階の反対称テンソル $f_{\mu\nu}$ を設定する。

$$f_{\mu\nu} = \begin{pmatrix} 0 & E_{(1)}/c & E_{(2)}/c & E_{(3)}/c \\ -E_{(1)}/c & 0 & -B_{(3)} & B_{(2)} \\ -E_{(2)}/c & B_{(3)} & 0 & -B_{(1)} \\ -E_{(3)}/c & -B_{(2)} & B_{(1)} & 0 \end{pmatrix}. \tag{6}$$

$E_{(i)}$ は電場、$B_{(i)}$ は磁場である。これらは三次元でのベクトルであるが四元ベクトルではないので、前に述べたように添字に ( ) を付けている。

前節で述べたように、2 階の反対称テンソルと運動量ベクトルから四元ベクトルである力が得られる。この場合は、以下のものになる。

$$F_\mu = \frac{q}{m} f_{\mu\nu} P^\nu.$$

ここで、q は力を受ける質点の電荷であり、m は質点の質量である。この力が式 (3) で示したクーロン力とローレンツ力であることを示そう。この力を受けている質点の相対論的運動方程式は、以下である。

$$\frac{dP^\lambda}{d\tau} = \frac{q}{m} \eta^{\lambda\mu} f_{\mu\nu} P^\nu.$$

ここで、$\dfrac{dP^\lambda}{d\tau} = \dfrac{dP^\lambda}{dt} \dfrac{dt}{d\tau} = \dfrac{dP^\lambda}{dt} \dfrac{P^0}{mc}$ の関係式を使うと、上記の式は、

$$\frac{dP^\lambda}{dt} = qc\eta^{\lambda\mu} f_{\mu\nu} \frac{P^\nu}{P^0}$$

となる。P^1 に対する運動方程式を見てみると、

$$\frac{dP^1}{dt} = qc\eta^{11} \left(f_{10} \frac{P^0}{P^0} + f_{12} \frac{P^2}{P^0} + f_{13} \frac{P^3}{P^0} \right).$$

$\eta^{11} = -1$、$\dfrac{P^i}{P^0} = \dfrac{v^{(i)}}{c}$ を使うと、

$$\frac{dP^1}{dt} = -qc\left(-\frac{E_{(1)}}{c} - B_{(3)} \frac{v^{(2)}}{c} + B_{(2)} \frac{v^{(3)}}{c} \right)$$
$$= qE_{(1)} + q(v^{(2)} B_{(3)} - v^{(3)} B_{(2)}).$$

同様に、P^2、P^3 に対する運動方程式が求められる。それらをまとめて三次元ベクトル表記をすれば、

$$\frac{d\vec{P}}{dt} = q\vec{E} + q(\vec{v} \times \vec{B})$$

となり、クーロン力とローレンツ力となる。

次に、電磁場テンソル $f_{\mu\nu}$ がローレンツ変換によってどう変わるのかを調べよう。$f_{\mu\nu}$ は 2 階のテンソルなので、変換式は以下となる。

$$f'_{\mu\nu} = \frac{\partial x^\lambda}{\partial x'^\mu} \frac{\partial x^\rho}{\partial x'^\nu} f_{\lambda\rho}.$$

ローレンツ変換式は式 (4) に示したものを使うが、x, y, z の変数を x^1, x^2, x^3 と表わし、時間変数には $x^0 = ct$ を使うことにする。そうすると、ローレンツ変換式は以下となる。

$$\begin{cases} x'^0 = \gamma(x^0 - (v/c)x^1), \\ x'^1 = \gamma(-(v/c)x^0 + x^1), \\ x'^2 = x^2, \\ x'^3 = x^3. \end{cases}$$

ここで、$\gamma = \dfrac{1}{\sqrt{1 - (v/c)^2}}$ である。

ローレンツ変換の係数 $\dfrac{\partial x^\lambda}{\partial x'^\mu}$ を行列で書くと、次のようになる。

$$\frac{\partial x^\lambda}{\partial x'^\mu} = \begin{pmatrix} \gamma & (v/c)\gamma & 0 & 0 \\ (v/c)\gamma & \gamma & 0 & 0 \\ 0 & 0 & 1 & 0 \\ 0 & 0 & 0 & 1 \end{pmatrix}.$$

$\dfrac{\partial x^\lambda}{\partial x'^\mu}$ は x^λ を x'^μ で微分するので、上記に示したローレンツ変換の逆変換の式

$$\begin{cases} x^0 = \gamma(x'^0 + (v/c)x'^1), \\ x^1 = \gamma((v/c)x'^0 + x'^1), \\ x^2 = x'^2, \\ x^3 = x'^3 \end{cases}$$

を使って求めるが、形としては $-v$ を v にしたものになっている。

さて、これを使って具体的に $f'_{\mu\nu}$ を求めてみよう。幸いなことに行列の成分には 0 が多く含まれているので、計算はそれほど面倒ではない。いくつか途中経過を含めて下記に示しておく。

$$\begin{aligned} f'_{00} &= \frac{\partial x^\lambda}{\partial x'^0}\frac{\partial x^\rho}{\partial x'^0} f_{\lambda\rho} \\ &= \frac{\partial x^0}{\partial x'^0}\frac{\partial x^0}{\partial x'^0} f_{00} + \frac{\partial x^0}{\partial x'^0}\frac{\partial x^1}{\partial x'^0} f_{01} + \frac{\partial x^1}{\partial x'^0}\frac{\partial x^0}{\partial x'^0} f_{10} + \frac{\partial x^1}{\partial x'^0}\frac{\partial x^1}{\partial x'^0} f_{11} \\ &= \gamma^2 f_{00} + \gamma\left(\frac{v}{c}\gamma\right) f_{01} + \left(\frac{v}{c}\gamma\right)\gamma f_{10} + \left(\frac{v}{c}\gamma\right)^2 f_{11}. \end{aligned}$$

ここに式 (6) の $f_{\mu\nu}$ を入れると、

$$f'_{00} = \gamma^2 \times 0 + \gamma\left(\frac{v}{c}\gamma\right)\frac{E_{(1)}}{c} + \left(\frac{v}{c}\gamma\right)\gamma\left(-\frac{E_{(1)}}{c}\right) + \left(\frac{v}{c}\gamma\right)^2 \times 0 = 0$$

となり、$f'_{00} = 0$ となる。反対称テンソルは座標変換をしても反対称テンソルであり、反対称テンソルの対角成分は 0 なので、この結果は当然のことである。

その他の成分も示しておこう。

$$
\begin{aligned}
f'_{01} &= \frac{\partial x^\lambda}{\partial x'^0}\frac{\partial x^\rho}{\partial x'^1}f_{\lambda\rho} \\
&= \frac{\partial x^0}{\partial x'^0}\frac{\partial x^0}{\partial x'^1}f_{00} + \frac{\partial x^0}{\partial x'^0}\frac{\partial x^1}{\partial x'^1}f_{01} + \frac{\partial x^1}{\partial x'^0}\frac{\partial x^0}{\partial x'^1}f_{10} + \frac{\partial x^1}{\partial x'^0}\frac{\partial x^1}{\partial x'^1}f_{11} \\
&= \gamma\left(\frac{v}{c}\gamma\right)f_{00} + \gamma^2 f_{01} + \left(\frac{v}{c}\gamma\right)^2 f_{10} + \left(\frac{v}{c}\gamma\right)\gamma f_{11} \\
&= \gamma\left(\frac{v}{c}\gamma\right)\times 0 + \gamma^2 \frac{E_{(1)}}{c} + \left(\frac{v}{c}\gamma\right)^2\left(-\frac{E_{(1)}}{c}\right) + \left(\frac{v}{c}\gamma\right)\gamma\times 0 \\
&= \gamma^2\frac{E_{(1)}}{c}\left\{1 - \left(\frac{v}{c}\right)^2\right\} = \frac{E_{(1)}}{c},
\end{aligned}
$$

$$
\begin{aligned}
f'_{02} &= \frac{\partial x^\lambda}{\partial x'^0}\frac{\partial x^\rho}{\partial x'^2}f_{\lambda\rho} = \frac{\partial x^0}{\partial x'^0}\frac{\partial x^2}{\partial x'^2}f_{02} + \frac{\partial x^1}{\partial x'^0}\frac{\partial x^2}{\partial x'^2}f_{12} \\
&= \gamma f_{02} + \left(\frac{v}{c}\gamma\right)f_{12} = \gamma\frac{E_{(2)}}{c} + \left(\frac{v}{c}\gamma\right)(-B_{(3)}) \\
&= \gamma\left(\frac{E_{(2)}}{c} - \frac{v}{c}B_{(3)}\right),
\end{aligned}
$$

$$
\begin{aligned}
f'_{03} &= \frac{\partial x^\lambda}{\partial x'^0}\frac{\partial x^\rho}{\partial x'^3}f_{\lambda\rho} = \frac{\partial x^0}{\partial x'^0}\frac{\partial x^3}{\partial x'^3}f_{03} + \frac{\partial x^1}{\partial x'^0}\frac{\partial x^3}{\partial x'^3}f_{13} \\
&= \gamma f_{03} + \left(\frac{v}{c}\gamma\right)f_{13} = \gamma\frac{E_{(3)}}{c} + \left(\frac{v}{c}\gamma\right)(B_{(2)}) \\
&= \gamma\left(\frac{E_{(3)}}{c} + \frac{v}{c}B_{(2)}\right).
\end{aligned}
$$

他の成分は結果のみ示しておく。

$$
\begin{aligned}
f'_{12} &= \gamma\left(\frac{v}{c}\frac{E_{(2)}}{c} - B_{(3)}\right), \\
f'_{13} &= \gamma\left(\frac{v}{c}\frac{E_{(3)}}{c} + B_{(2)}\right), \\
f'_{23} &= -B_{(1)}.
\end{aligned}
$$

これら以外の成分については、対称な成分は符号が反対になり、対角成分は 0 である。

電場と磁場の変換が分かるようにもう一度整理して書くと、以下のようになる。

$$
\frac{E'_{(1)}}{c} = \frac{E_{(1)}}{c}、\quad \frac{E'_{(2)}}{c} = \gamma\left(\frac{E_{(2)}}{c} - \frac{v}{c}B_{(3)}\right)、\quad \frac{E'_{(3)}}{c} = \gamma\left(\frac{E_{(3)}}{c} + \frac{v}{c}B_{(2)}\right).
$$

$$
B'_{(1)} = B_{(1)}、\quad B'_{(2)} = \gamma\left(B_{(2)} + \frac{v}{c}\frac{E_{(3)}}{c}\right)、\quad B'_{(3)} = \gamma\left(B_{(3)} - \frac{v}{c}\frac{E_{(2)}}{c}\right).
$$

この式の意味するところを考えてみよう。今、ダッシュが付いていない座標系を静止系としよう。ダッシュが付いている座標系は、静止系から見て x 軸の正方向に速度 v

で動いている座標系とする（これを運動系とする）。座標軸の向きは同じとする。静止系には z 軸方向にのみ電場が存在し、磁場はないとする。すなわち、$\vec{E} = (0, 0, E_{(3)})$、$\vec{B} = (0, 0, 0)$ である。これを運動系から見ると、上記の式に入れて、

$$\vec{E}' = \left(0, 0, \gamma E_{(3)}\right), \quad \vec{B}' = \left(0, \gamma \frac{v E_{(3)}}{c^2}, 0\right)$$

となり、磁場が存在することになる。このように、動いている座標系から見ると、新たな電場や磁場が発生する。重要なことは、見ている観点が変わっただけで、元の状況は何も変わっていないことである。

　なぜ、見る立場によって磁場が発生したりするのだろうか。これは磁力というものが、動いている電荷同士の間で働く力だと考えれば理解できる。感覚的には、磁力は磁石に働く力だと感じていると思うが、実際には、電荷に働く力である。電流（電荷の流れ）が磁場を作り、磁場の中を動いている電荷に力が働くということを我々は知っている。この文章の途中の「磁場」を飛ばして考えれば、電荷の流れと動く電荷の間に力が働いている、となる。つまり、動いている電荷同士の間に力が働いている。それが磁力である。片方もしくは両方の電荷が静止していれば働く力はクーロン力と言われるが、両方とも動いていれば磁力も働くのである。そうすると、少なくとも一方の電荷が静止している座標系から見れば、磁力は働かないことになる。電荷は何かしらの場を作っているが、磁力が働かないのであれば、それは磁場と呼ぶ必要はない。一方、別の座標系から見たとき、電荷が両方とも動いていれば磁力が働く。そして、それは磁場が存在することを意味する。つまり、見る立場によって磁場は存在したりしなかったりすることになるのである。では、磁場しか存在しない状況を運動系から見ると電場が生じるのはなぜか。それは「5．導線を流れる電流が作る場」で見ることになる。

4 電荷による場

4.1 直線分布をする電荷による電場

　まず初めに、一様な線電荷密度 λ で無限直線分布をする電荷による電場を考える。この電場は直線電荷に軸対称であることは直ちに理解できるだろう。この直線電荷を通る平面を考えて、直線電荷から a だけ離れた点（点 P とする）での電場の強さを求める（図 2 参照）。電場の向きは、直線電荷に垂直な方向である。なぜなら、直線電荷に平行な成分は、直線上のある領域にある電荷が作る電場と、それと対称な位置にある電荷が作る電場で打ち消しあうからである。

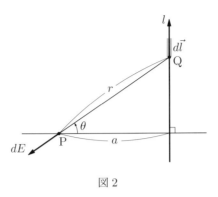

図 2

　点 P から直線電荷に下した垂線との交点を座標原点とし、そこから測った直線電荷の長さを l とする。直線上の点 Q と、そこから dl 離れた点の間の電荷 $\lambda\,dl$ が点 P に作る電場の大きさは、

$$dE = \frac{\lambda\,dl}{4\pi\varepsilon_0 r^2}$$

である。ここで ε_0 は真空の誘電率、r は点 Q と点 P の間の距離である。垂線と PQ の成す角を θ とすると、電場の垂直方向の大きさは、dE に $\cos\theta$ を掛けたものになる。これを l について $-\infty$ から $+\infty$ まで積分したものが求める電場の大きさになる。

$$E = \int_{-\infty}^{+\infty} dE \cos\theta = \int_{-\infty}^{+\infty} \frac{\lambda\,dl}{4\pi\varepsilon_0 r^2} \cos\theta.$$

ここで、$r = \dfrac{a}{\cos\theta}$、$l = a\tan\theta$、$dl = \dfrac{a\,d\theta}{\cos^2\theta}$ を使うと、

$$E = \int_{-\frac{\pi}{2}}^{+\frac{\pi}{2}} \frac{\lambda\cos^2\theta}{4\pi\varepsilon_0 a^2} \cos\theta \frac{a\,d\theta}{\cos^2\theta} = \frac{\lambda}{4\pi\varepsilon_0 a} \int_{-\frac{\pi}{2}}^{+\frac{\pi}{2}} \cos\theta\,d\theta$$
$$= \frac{\lambda}{4\pi\varepsilon_0 a} \times 2 = \frac{\lambda}{2\pi\varepsilon_0 a}. \tag{7}$$

　次に、直線電荷から a だけ離れた位置に荷電粒子を静かに置いたときの力を求めよう。荷電粒子の電荷を q とすると、荷電粒子に働く力はクーロン力のみであり、その力 F_C は

$$F_C = \frac{q\lambda}{2\pi\varepsilon_0 a} \tag{8}$$

である。直線電荷と荷電粒子の電荷が同じ符号であれば、荷電粒子は直線電荷から垂直な方向に反発する力を受ける。

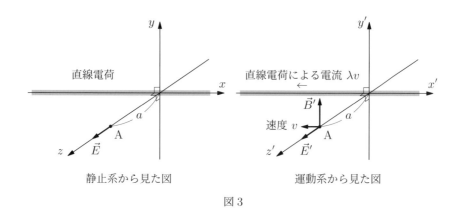

図 3

4.2　動いている座標系から見た場合

　上記の状況を、動いている座標系（運動系）から見ることを考えよう。まず静止系の座標を図 3 の左の図のように設定する。すなわち、x 軸を直線電荷の方向に取り、上を y 軸、手前へ伸びる軸を z 軸とする。z 軸上の原点から a だけ離れた点（点 A とする）に荷電粒子を置くものとする。運動系は、x 軸の正方向に速度 v で動いているものとする。運動系から見ると、直線電荷は x 軸の負の方向に速度 v で動いていることになる（図 3 の右の図参照）。これは、電流が流れていることを意味する。この電流の値は次のとおりとなる。直線電荷上のある点が時間 dt の間に dl 動いたとすると $v = \dfrac{dl}{dt}$ の関係にあり、線分 dl に含まれる電荷は $dq = \lambda \, dl$ であるから、電流は $I = \dfrac{dq}{dt} = \dfrac{\lambda \, dl}{dt} = \lambda v$ となる。この電流が作る磁場は、式 (2) を使って、

$$B = \mu_0 H = \mu_0 \frac{\lambda v}{2 \pi a} \tag{9}$$

である（本書では真空中での場を考えており、誘電率、透磁率は真空での値とする。真空での値には右下に 0 を付けて、ε_0、μ_0 と表わす）。この磁場の向きは、直線を電流が流れる向きに右ネジが回転する向きである。

　さて、直線電荷のそばに置かれた荷電粒子であるが、運動系から見ればこれも動いており、x 軸の負の方向に速度 v で動いている。荷電粒子が磁場の中を動いているので、荷電粒子はローレンツ力を受ける。この力を求めてみよう。今、直線電荷、荷電粒子の電荷は共に正であるとしよう。そうすると、電流の向きは x 軸の負の方向になり、磁場の向きは y 軸の正の方向になる。ローレンツ力 $q\vec{v} \times \vec{B}$ は、直線電荷に引かれる方向に働く。$\vec{v}$ と

$\vec{B}$ は直交しているので、その大きさは qvB である。したがって、磁場から受けるローレンツ力 F_L は以下となる（F_L は z 軸の負の向きに働くので、マイナス符号が付く）。

$$F_L = -qvB = -qv\mu_0 \frac{\lambda v}{2\pi a}.$$

荷電粒子は元々クーロン力を受けていたので、ローレンツ力と合わせて次の力を受けることになる。

$$F_T = F_C + F_L = \frac{q\lambda}{2\pi\varepsilon_0 a} - qv\mu_0 \frac{\lambda v}{2\pi a} = \frac{q\lambda}{2\pi\varepsilon_0 a}\left(1 - \varepsilon_0\mu_0 v^2\right)$$
$$= \frac{q\lambda}{2\pi\varepsilon_0 a}\left(1 - \frac{v^2}{c^2}\right).$$

ここで、$\varepsilon_0\mu_0 = 1/c^2$ を使った。

v が c に比べて非常に小さければローレンツ力による力は無視できる程度であるが、このままでは、静止系から見た場合と運動系から見た場合とで働く力が違うことになる。

この問題を特殊相対性理論を使って解くことにしよう。「3.5 電磁場テンソル」で示した電磁場テンソルの座標変換を使って上記の場を計算してみる。静止系では点 A での電場は、z 軸の正の方向に $E = \frac{\lambda}{2\pi\varepsilon_0 a}$ である。磁場は存在しない。ベクトルで書くと $\vec{E} = \left(0, 0, \frac{\lambda}{2\pi\varepsilon_0 a}\right)$、$\vec{B} = (0, 0, 0)$ である。これを運動系から見ると、「3.5 電磁場テンソル」の結果を使って、

$$\vec{E}' = \left(0, 0, \gamma\frac{\lambda}{2\pi\varepsilon_0 a}\right), \quad \vec{B}' = \left(0, \gamma\frac{\lambda v}{2\pi\varepsilon_0 ac^2}, 0\right)$$

である。$\varepsilon_0\mu_0 = 1/c^2$ を使えば、$\vec{B}' = \left(0, \gamma\mu_0\frac{\lambda v}{2\pi a}, 0\right)$ となり、式 (7) 式 (9) で求めた E、B と γ 因子以外は同じである。この γ 因子については後ほど説明することにして、運動系から見た時の力を求める。運動系から見た力は、

$$F_T' = F_C' + F_L' = q\gamma\frac{\lambda}{2\pi\varepsilon_0 a} - qv\gamma\frac{\lambda v}{2\pi\varepsilon_0 ac^2} = \gamma\frac{q\lambda}{2\pi\varepsilon_0 a}\left(1 - \frac{v^2}{c^2}\right).$$

ここで $\gamma = \dfrac{1}{\sqrt{1 - (v/c)^2}}$ であるから、

$$F_T' = \frac{q\lambda}{2\pi\varepsilon_0 a}\frac{1}{\sqrt{1 - (v/c)^2}}\left(1 - \frac{v^2}{c^2}\right) = \frac{q\lambda}{2\pi\varepsilon_0 a}\sqrt{1 - (v/c)^2}. \tag{10}$$

静止系での力は式 (8) であったが、それと比べて $\sqrt{1 - (v/c)^2}$ だけ違っている。これが何によるものかを説明しよう。「3.4 相対論的運動方程式」で述べたように、四元ベクト

ルの力 F^i とニュートン力学の力 $F_N^{(i)}$ には以下の関係式がある。

$$F^i = \frac{F_N^{(i)}}{\sqrt{1 - (v/c)^2}}.$$

F^μ は四元ベクトルなので、x 軸方向のローレンツ変換では y 成分、z 成分の値は変わらない。したがって、静止系での四元ベクトルの力 $F^\mu = \left(0, 0, 0, \dfrac{q\lambda}{2\pi\varepsilon_0 a}\right)$ はローレンツ変換で $F'^\mu = \left(0, 0, 0, \dfrac{q\lambda}{2\pi\varepsilon_0 a}\right)$ となる。これをニュートン力学の力に変換すると、$F_N'^{(i)} = F'^i \sqrt{1 - (v/c)^2}$ なので、$F_N'^{(3)} = \dfrac{q\lambda}{2\pi\varepsilon_0 a}\sqrt{1 - (v/c)^2}$ である。これは式 (10) で求めた F_T' と同じである。つまり、運動系での力は相対論の効果が現れた結果、式 (10) のようになるのである。このように、運動系から見ると力は弱くなっている。この原因は、時間が遅れることにある。運動系から見ると、静止系の時間の進み方が遅くなる。このため運動系での運動方程式に書き直すと、力が弱くなっているということになる。

さて、電場、磁場の γ 因子について説明しよう。結論から述べれば、ローレンツ収縮により電荷密度が大きくなった結果である。運動系から見ると直線電荷は速度 v で動いている。このためローレンツ収縮が起こるのである。もう少し詳しく説明しよう。静止系で dl の線分に含まれる電荷 dq は、$dq = \lambda\, dl$ である。これを運動系から見ると、ローレンツ収縮のため $dl' = dl\sqrt{1 - (v/c)^2}$ に収縮している。電荷の量は変わらないので、運動系から見た電荷密度 λ' は、

$$\lambda' = \frac{dq}{dl'} = \frac{dq}{dl\sqrt{1 - (v/c)^2}} = \frac{\lambda\, dl}{dl\sqrt{1 - (v/c)^2}} = \frac{\lambda}{\sqrt{1 - (v/c)^2}} = \gamma\lambda$$

となり、電荷密度は大きくなる。式 (7) 式 (9) の λ の代わりに λ' を使えば、運動系での電場、磁場となる。なお、ローレンツ収縮についての説明を付録に示している。

4.3 電荷が作る場のまとめ

以上述べてきたことをまとめると、以下のようになる。

静止系から見て、線電荷密度 λ の直線電荷が作る電場の大きさは $E = \dfrac{\lambda}{2\pi\varepsilon_0 a}$ であり、磁場は存在しない。電荷 q の荷電粒子に働く力は $F = \dfrac{q\lambda}{2\pi\varepsilon_0 a}$ である。

これを x 方向に速度 v で動いている運動系から見ると、線電荷密度はローレンツ収縮によって $\lambda' = \gamma\lambda$ となり、この直線電荷が作る電場は $E' = \dfrac{\lambda'}{2\pi\varepsilon_0 a} = \gamma\dfrac{\lambda}{2\pi\varepsilon_0 a}$ である。また直線電荷が移動することによって $I' = \lambda' v$ の電流が流れるが、それによりできる磁場は $B' = \mu_0\dfrac{I'}{2\pi a} = \mu_0\dfrac{\lambda' v}{2\pi a} = \gamma\dfrac{\lambda v}{2\pi\varepsilon_0 a c^2}$ である。これらの電場、磁場が電荷 q の荷電

粒子に及ぼす力は $F = \dfrac{q\lambda}{2\pi\varepsilon_0 a}\sqrt{1-(v/c)^2}$ である。これを四元ベクトルの力に換算すると、静止系での力と同じである。

　以上を簡単に述べると、静止系と運動系では観測される値は変わってくるが、そこに成り立つ物理法則は同じである、となる。

　上記では運動系から見た場合に電場、磁場がどうなるのかをローレンツ変換で求めたが、ここで注意しておきたいことがある。それは、その座標系の中では物理現象は完結しているということである。座標変換によって他の座標系での値と関係付ける必要は、本来はない。座標変換によって別の座標系での値を求めることはできるが、本来は、その座標系の中でその値になるべくしてなったものである。例えば、運動系での線電荷密度は $\lambda' = \dfrac{\lambda}{\sqrt{1-(v/c)^2}}$ であったが、この式の中の λ も v も運動系では意味はなく、λ' こそが観測される値なのである。その観測された λ' に基づき計算された結果が E' であり、B' なのである。

5　導線を流れる電流が作る場

　ここで、「2. 電流が作る磁場」で提示した問題に戻ろう。その問題とは、動いている観測者から見たとき荷電粒子にローレンツ力が働くだろうか、というものであった。これまで述べてきたように、運動系でも同じ物理法則が成り立つ。つまりローレンツ力は働く。しかし、静止系では荷電粒子に力は働いていない。そうであれば、運動系で見ても力は働かないはずである。もしそうなら、ローレンツ力を打ち消す力が働いていることになる。以下に、それを見ていこう。

　まず、静止系での条件を整理しよう。導線には電流 I が流れている。電流を担う電荷は負の電荷を持った電子であり、電子の動く向きは電流の向きと反対である。導線は、正の電荷を持った原子でできている。正と負の電荷の密度は絶対値が同じであり、導線の外側に電場は発生しない。電子、原子の線電荷密度の絶対値を λ、電子の線電荷密度を λ_-、原子の線電荷密度を λ_+ とすると、$\lambda_- = -\lambda$、$\lambda_+ = \lambda$ である。電子の移動速度を v とすると電流 I は $I = \lambda v$ となる（電子は全て同じ速度で移動しているものとする）。なお、電流は x 軸の負の方向に流れているものとする。したがって、電子は x 軸の正の方向に移動していることになる。この電流が作る磁場は $B = \mu_0 \dfrac{\lambda v}{2\pi a}$ である。導線から a だけ離れたところに、電荷 q（正とする）の荷電粒子を静止した状態で置く。荷電粒子は動いていないので、磁場から力は働かない。また、電場がないため、電場からの力もない。このように荷電粒子に力は働いていないので、荷電粒子は静止したままである。

　これを x 軸の正の方向に速度 v で移動している運動系から見ることにする。運動系は電子と同じ速さで同じ向きに進んでいるので、運動系では電子は止まっている。反対

に、導線を作っている原子が x 軸の負の方向に移動していることになる。このため運動系では、正電荷が電流の担い手となって電流が流れている。この電流が導線の周りに磁場を作る。その電流値であるが、ローレンツ収縮で正電荷の電荷密度は増加し、電流は $I' = \lambda'_+ v = \gamma \lambda v$ である。したがって、この電流が作る磁場は $B' = \mu_0 \dfrac{\gamma \lambda v}{2\pi a}$ である。運動系から見ると、導線のそばに置いた荷電粒子が x 軸の負の方向に速度 v で動いているので、磁場から力を受ける。その力 F'_L は、

$$F'_L = qvB' = qv\mu_0 \frac{\gamma \lambda v}{2\pi a} = \frac{q\lambda}{2\pi \varepsilon_0 a} \gamma \frac{v^2}{c^2}$$

であり、力の向きは導線に近づく向きである。

　一方、電場に関しては、ローレンツ収縮で正電荷と負電荷の密度が違ってくるため電場が生じる。この場合、ローレンツ収縮は電子にも影響する。電子は速度 v で動いていたものが速度 0 になるため、収縮ではなく伸びることになり、電荷密度は小さくなる。正電荷が作る電場を E'_+、負電荷が作る電場を E'_- とすると、

$$E'_+ = \frac{\lambda'_+}{2\pi \varepsilon_0 a} = \gamma \frac{\lambda}{2\pi \varepsilon_0 a},$$
$$E'_- = \frac{\lambda'_-}{2\pi \varepsilon_0 a} = -\frac{1}{\gamma} \frac{\lambda}{2\pi \varepsilon_0 a}.$$

　二つ合わせた電場は、

$$E' = E'_+ + E'_- = \gamma \frac{\lambda}{2\pi \varepsilon_0 a} - \frac{1}{\gamma} \frac{\lambda}{2\pi \varepsilon_0 a} = \frac{\lambda}{2\pi \varepsilon_0 a} \gamma \left(1 - \frac{1}{\gamma^2} \right)$$
$$= \frac{\lambda}{2\pi \varepsilon_0 a} \gamma \left\{ 1 - \left(1 - \frac{v^2}{c^2} \right) \right\} = \frac{\lambda}{2\pi \varepsilon_0 a} \gamma \frac{v^2}{c^2}.$$

　電場から荷電粒子が受ける力は、

$$F'_C = qE' = \frac{q\lambda}{2\pi \varepsilon_0 a} \gamma \frac{v^2}{c^2}$$

であり、力の向きは導線から離れる向きである。

　電場から受ける力と磁場から受ける力を合わせると、それぞれの力の向きは反対であるから、

$$F' = F'_C - F'_L = 0.$$

　結局、運動系から見ても荷電粒子には力は働いていないことになる。

　以上をまとめると、運動系では磁場によるローレンツ力が働くが、導線と電子の電荷密度が変わることで磁場からのローレンツ力を打ち消すように電場が発生し、運動系でも力は働かない、となる。

せっかくなので、「3.5 電磁場テンソル」で求めた電磁場のローレンツ変換式から、今回の電磁場を計算してみよう。静止系では、電流が作る磁場しか存在しておらず、磁場は導線の回りを回るようにできる。導線から a だけ離れた点 P での磁場の向きが y 軸の正の方向になるように座標を設定する。x 軸は導線の向きであり、z 軸は導線から点 P に引いた垂線になる。そうすると電場及び磁場は次のようになる。

$$\vec{E} = (0,0,0), \quad \vec{B} = \left(0, \mu_0 \frac{\lambda v}{2\pi a}, 0\right).$$

これをローレンツ変換すると、

$$\vec{E}' = \left(0, 0, c\gamma\frac{v}{c}\mu_0\frac{\lambda v}{2\pi a}\right) = \left(0, 0, \gamma\frac{\lambda v^2}{2\pi \varepsilon_0 a c^2}\right),$$
$$\vec{B}' = \left(0, \gamma\mu_0\frac{\lambda v}{2\pi a}, 0\right) = \left(0, \gamma\frac{\lambda v}{2\pi \varepsilon_0 a c^2}, 0\right).$$

これらは先に求めた電場、磁場と同じものである。

もう一点、電流と電荷がローレンツ変換から求められることを示しておこう。電流密度 $\vec{J}$ と電荷密度 ρ は、四元ベクトルを作る。電流密度は単位断面積あたりの電流であり、電荷密度 ρ と電荷の移動速度 $\vec{v}$ を使って、$\vec{J} = \rho\vec{v}$ と表わされる。これを特殊相対性理論の形式に修正するには、三次元の速度ベクトルを四元ベクトルにすればよい。すなわち、四元電流電荷密度を s^μ とすると、

$$s^\mu = \rho\frac{dx^\mu}{d\tau}$$

となる。これの空間成分は、

$$s^i = \rho\frac{dx^i}{d\tau} = \rho\frac{dx^i}{dt}\frac{dt}{d\tau} = \rho v^{(i)}\frac{1}{\sqrt{1-(v/c)^2}}$$

であり、ローレンツ収縮が考慮された電流密度となっている。また、第 0 成分は、

$$s^0 = \rho\frac{dx^0}{d\tau} = \rho\frac{c\,dt}{dt}\frac{dt}{d\tau} = c\rho\frac{1}{\sqrt{1-(v/c)^2}}$$

であり、ローレンツ収縮が考慮された電荷密度に c を掛けたものとなっている。

静止系での四元電流電荷密度をローレンツ変換すれば、運動系での四元電流電荷密度が得られる。まず、導線（正電荷の原子）の四元電流電荷密度を見てみよう。静止系での四元電流電荷密度 s_+^μ は以下である。

$$s_+^\mu = (c\rho_+, 0, 0, 0).$$

ρ_+ は静止系でみた導線の電荷密度で、先に使った線電荷密度 λ_+ と導線の断面積 D を使って $\lambda_+ = \rho_+ D$ の関係にある。

s_+^μ をローレンツ変換すると、

$$s_+^{\prime\mu} = \left(\gamma c\rho_+, -\frac{v}{c}\gamma c\rho_+, 0, 0\right) = (\gamma c\rho_+, -\gamma v\rho_+, 0, 0).$$

このように、電荷密度は γ 倍になる。また、電流密度は単位断面積当たりの電流なので、導線の電流 I_+' は、

$$I_+' = s_+^{\prime 1} D = -\gamma v\rho_+ D = -\gamma v\lambda_+$$

となり、先に求めた電流となる。

次に電子の四元電流電荷密度を考えよう。静止系では、

$$s_-^\mu = \left(c\rho_-, \frac{\lambda_- v}{D}, 0, 0\right) = (c\rho_-, v\rho_-, 0, 0).$$

これをローレンツ変換すると、

$$s_-^{\prime 0} = \gamma c\rho_- - \frac{v}{c}\gamma v\rho_- = \gamma c\rho_- \left(1 - \frac{v^2}{c^2}\right) = \gamma c\rho_- \frac{1}{\gamma^2} = \frac{1}{\gamma}c\rho_-,$$

$$s_-^{\prime 1} = -\frac{v}{c}\gamma c\rho_- + \gamma v\rho_- = -v\gamma\rho_- + \gamma v\rho_- = 0.$$

すなわち、電荷密度は $\frac{1}{\gamma}$ 倍になり、電流は 0 になる。

このように、四元電流電荷密度を使うと、ローレンツ変換後の電荷密度、電流密度を求めることができる。

6 おわりに

電磁気学と特殊相対性理論との間に密接な関係があることは、ある程度電磁気学を学んだ人は理解していることと思う。しかし、最初から相対性理論を意識して電磁気学を学ぶ人は少ないであろう。ここで取り上げた電荷が作る電場や電流が作る磁場の演習問題は、電磁気学の初学者が必ず取り組む問題であるが、それを運動系から見ることで、相対性理論の知識が必要な問題となるのである。電磁気学の初学者にとっても相対性理論は近くにある学問なので、電磁気学を学ぶときは、相対性理論も学ぶことをお勧めしたい。

付録 A ローレンツ収縮について

　ここではローレンツ収縮について説明する。ローレンツ収縮の導き方だけなら付録とはしないのだが、筆者は、ローレンツ収縮が広く信じられているようなものではないと考えており、それも含めての話を書くので、あえて付録としている。それはどういうことかというと、一言でいうならば、「地球を飛び出した宇宙船の長さは縮まない」ということである。この内容は、筆者の著書『ローレンツ収縮についての考察』でも論じているものである。

　まず、ローレンツ収縮の導き方を示そう。今、地上（静止系）に棒があったとする。この棒の向きに x 軸を取って、x 軸の正の方向に速度 v で動いている座標系（運動系）からこの棒の長さがどう見えるのかを調べることにする。棒の両端の三次元座標を $(x_1, 0, 0)$、$(x_2, 0, 0)$ とする。この座標をローレンツ変換するためには、時間座標も設定しなければならない。ここではそれぞれ t_1、t_2 としておく。これらを式 (4) のローレンツ変換式に入れて、運動系での座標 x_1'、t_1'、x_2'、t_2' を求めると以下となる。

$$x_1' = \gamma(x_1 - vt_1), \quad t_1' = \gamma\left(-\frac{v}{c^2}x_1 + t_1\right),$$
$$x_2' = \gamma(x_2 - vt_2), \quad t_2' = \gamma\left(-\frac{v}{c^2}x_2 + t_2\right).$$

　求めたいのは、運動系から見た棒の長さであるから、$x_2' - x_1'$ を求めればよい。すなわち、

$$x_2' - x_1' = \gamma\{(x_2 - x_1) - v(t_2 - t_1)\}$$

である。しかしこの式の中に時間が含まれているので、これを決めなければならない。どのように決めればよいかというと、運動系での時間 t_1' と t_2' が同じになるように決めればよい。どういうことかというと、棒の長さを測るためには同じ時刻で両端の位置を測定する必要がある。運動系から見た棒の長さを測るのであるから、運動系での時刻を同じにする必要がある。そうすると $t_1' = t_2'$ とならなければならないので、

$$\gamma\left(-\frac{v}{c^2}x_1 + t_1\right) = \gamma\left(-\frac{v}{c^2}x_2 + t_2\right)$$

が成り立つ必要がある。ここから、

$$\frac{v}{c^2}(x_2 - x_1) = t_2 - t_1$$

が得られる。これを $x'_2 - x'_1$ の式に入れると、

$$x'_2 - x'_1 = \gamma \left\{ (x_2 - x_1) - \frac{v^2}{c^2}(x_2 - x_1) \right\} = \gamma \left(1 - \frac{v^2}{c^2} \right)(x_2 - x_1)$$
$$= (x_2 - x_1)\sqrt{1 - (v/c)^2}$$

となる。$\sqrt{1 - (v/c)^2}$ は 1 より小さいので、$x'_2 - x'_1$ は $x_2 - x_1$ より短いことになる。つまり、運動系から見ると長さが縮んで見えることになる。これをローレンツ収縮という。

　ローレンツ収縮は、逆の立場でも成り立つ。すなわち、静止系から運動系にある棒を見ると、運動系の棒が縮んで見える。具体的に計算してみよう。運動系に棒があるとして、この棒の両端の x' 座標を X'_1、X'_2 とし、これに対応する静止系での座標は X_1、X_2 とする。先ほどの位置とは違うということで大文字にしてあるが、これらの関係式は先ほどと同じで、

$$X'_2 - X'_1 = \gamma\{(X_2 - X_1) - v(T_2 - T_1)\}$$

である。今度は静止系から見た棒の長さを求めるので、静止系での時刻が同じでなければならない。つまり、$T_2 = T_1$ である。そうすると、

$$X'_2 - X'_1 = \gamma(X_2 - X_1).$$

　したがって、

$$X_2 - X_1 = (X'_2 - X'_1)\sqrt{1 - (v/c)^2}$$

となり、静止系から見た棒の長さ $X_2 - X_1$ は、運動系での棒の長さ $X'_2 - X'_1$ より短くなる。このように、運動は相対的であるので、互いに相手が縮んで見えることになる（ここでの運動系、静止系という呼び名は便宜上のものであって、絶対的な運動を表わしているものではないことに注意）。

　ローレンツ変換では、時間も変換を受ける。このため、静止系で同時であったものが運動系では同時ではないことになる。これは同時ということが相対的であることを意味する。長さを測定するときは、両端を同じ時刻で測らなければならないことから、同時の相対性こそが、ローレンツ収縮が生じる理由なのである。

　さて、それでは、次なる問題を考えよう。止まっていたものが動いた時、その長さは縮むだろうか。これをあえて取り上げる理由は、電流が流れると電荷密度が増えるのか、という問いになるからである。「5. 導線を流れる電流が作る場」で見たように、運動系から見るとローレンツ収縮により電荷密度が大きくなり、それによって生じた電場がローレンツ力を打ち消していた。ただこれは、観測者が動いていた場合であった。ここで問題と

しているのは、電荷が移動することでローレンツ収縮が起こるのか、ということである。もし電流が流れることで電荷密度が増えるなら、導線の外側に電場が生じるはずである。しかし、それは現実には起こっていない。電流が流れても電荷密度は増えないのである。それでは相対性理論が間違っているのだろうか。そうではない。ローレンツ収縮は起こっているのである。それをこれから説明しよう。

　分かりやすく考えるため、宇宙船を飛ばすことを考えよう。例えば、地上で 100 m の長さの宇宙船があったとして、それが宇宙を高速で進んでいるとき、宇宙船の長さが 90 m とかに縮んだりするのだろうか。筆者の考えは否である。宇宙船は縮んだりしない。常識的に考えよう。もし宇宙船が縮むとしたら、何らかの力が加わったと考えるべきである。何も力が働いていないのに長さが縮んだとしたら、力学上の大問題である。本文中でも述べたが、物理現象はその座標系の中で完結していなければならない。他の座標系と比べて長さが縮んでいるはずである、という考え方は間違っている。それでは、ローレンツ収縮は起こっていないのかというと、そうではない。ローレンツ収縮とは、宇宙船から見た宇宙船の長さと、静止系から見た宇宙船の長さの間に成り立つ関係である。静止系から見た宇宙船の長さが変わっていないのだとしたら、宇宙船から見た宇宙船の長さが長くなっていればよい。言ってみれば、ローレンツ伸長である。そしてそれは起こり得るのである。

　まず話の原点に立ち戻ろう。静止系と運動系の間でローレンツ変換を考える時は、運動系は最初から等速で動いているとしている。一方、止まっている宇宙船が動くことを考えるならば、想定している速度になるまで宇宙船は加速度運動をしなければならない。この部分が忘れられている。

　例をあげてもう少し分かりやすくしよう。地上に宇宙船が止まっているとしよう（地上は慣性系と見なす）。地上で宇宙船の長さを測ったところ、100 m だったとする。この宇宙船が宇宙へ出発すると、最初は加速度運動を行う。宇宙船の速さが光速度の 90 % となったところで加速をやめ、等速度運動へ移る。この間、地上から宇宙船の長さを測定したところ、長さに変化はなく 100 m である。一方、宇宙船が等速度運動に移行した後、宇宙船から見て宇宙船の長さを測ると、宇宙船の長さは約 229 m となる。二つの座標系の相対速度が光速度の 90 % であるときのローレンツ因子 γ の値は $\gamma = 1/\sqrt{1-(v/c)^2} \approx 2.29$ であるから、地上で測った宇宙船の長さと、宇宙船で測った宇宙船の長さの比はローレンツ収縮の計算通りとなる。

　ここで重要な点は、宇宙船は加速度運動をしたということである。この加速度運動をしている間に、（宇宙船から見た）宇宙船の長さが伸びているのである。この話は、つじつま合わせの空論ではない。一般相対性理論の方法を用いて加速系で宇宙船の運動方程式を解くと、宇宙船の先端の位置と後端の位置が前後に引張られる方向に伸びていくことが

分かる。このあたりの詳細な計算は、筆者の著書『ローレンツ収縮についての考察』に記載してあるので、そちらを参照して頂きたい。

　これまで「高速で移動する宇宙船の長さが縮む」と考えていた人たちは、宇宙船が加速度運動をしている間の変化を見逃していたのである。静止系と運動系の長さを比較するときに、運動系から見た宇宙船の長さが元と変わっていないと考えたため、縮むのは静止系から見た長さだと思っていたわけである。しかし、それは間違いである、というのが筆者の考えである。

　ところで、加速度系での変化は、加速を止めた後にも残っているものなのだろうか。これについては、ウラシマ効果と同じようなものだと考えている。相対性理論では、二つの座標系の間で時間の進み方が違っているとされている。この時間の遅れの式は、ローレンツ収縮の式と同じ式で表わされる。ローレンツ収縮がお互いに相手の方が縮んでいると見えるように、時間も、相手の方が自分よりゆっくりと進むようになる。しかし、一方が加速度運動をすることで対称性が崩れて、加速度運動をした側の時間が絶対的に遅れるのである。これがウラシマ効果である。ローレンツ収縮も同じように、加速度運動をした側の長さが伸び、慣性系でそれが維持されると考える。

　以上述べてきたように、「地球を飛び出した宇宙船の長さは縮まない」と考えることで、電流が流れても導線の外側に電場が生じない、ということが説明できるし、相対性理論も正しいままでいることができる。ただし、一般に認められたものではないので、信じるか信じないかは読者次第。自分で考えてみることが大事である。

でんじきがくえんしゅう　そうたいろん
電磁気学演習と相対論

2023 年 5 月 13 日 初版 発行

著　者	嵐田 源二　（あらしだ げんじ）
発行者	星野 香奈　（ほしの かな）
発行所	同人集合 暗黒通信団 (https://ankokudan.org/d/)
	〒277-8691 千葉県柏局私書箱 54 号 D 係
本　体	250 円 / ISBN978-4-87310-265-8 C0042